危险的太空物质

【美】巴菲 · 西尔弗曼（Buffy Silverman） 著
王蒙 译

化学工业出版社
· 北 京 ·

图书在版编目（CIP）数据

危险的太空物质 / ［美］西尔弗曼（Silverman, B.）著；王蒙译．—北京：化学工业出版社，2015.9
（太空大揭秘）（2025.6重印）
书名原文：Exploring Dangers in Space
ISBN 978-7-122-24630-1

Ⅰ．①危… Ⅱ．①西… ②王… Ⅲ．①宇宙—青少年读物 Ⅳ．①P159-49

中国版本图书馆 CIP 数据核字（2015）第 158411 号

Exploring Dangers in Space / by Buffy Silverman
ISBN 978-0-7613-5446-8

北京市版权局著作权合同登记号：01-2014-1588

责任编辑：成荣霞　　　　文字编辑：陈　雨
责任校对：边　涛　　　　装帧设计：尹琳琳

出版发行：化学工业出版社（北京市东城区青年湖南街 13 号　邮政编码 100011）
印　　装：北京瑞禾彩色印刷有限公司
889mm×1194mm　1/24　印张 1¾　字数 50 千字　2025年 6 月北京第 1 版第 11 次印刷

购书咨询：010-64518888　　　　售后服务：010-64518899
网　　址：http://www.cip.com.cn
凡购买本书，如有缺损质量问题，本社销售中心负责调换。

定　　价：18.00元　　　　

目录

第一章　太空岩石

在八月晴朗的夜晚仰望星空，你会发现一道明亮的光束划过天空，这就是流星。流星并不是真的星体，而是来自外太空的岩石。流星进入地球大气层时摩擦燃烧发光。大气层则是环绕地球的空气层。

太阳周围环绕着数十亿的太空岩石。它们运行的路线叫做轨道。一些太空岩石不过是尘埃，还有一些体积则比较庞大。最大的太空岩石相当于得克萨斯州那么大。

图片中展示的是地球附近两块巨大的太空岩石。画面的背景是月球。

每天有成千上万的太空岩石坠落地球，这些岩石大多数体积很小，不会带来危害。然而，巨型太空岩石却能带来难以想象的灾难。它们中的一些曾在很久以前坠落地球。天文学家（研究外太空的科学家）时刻观察着天空，寻找新的威胁。

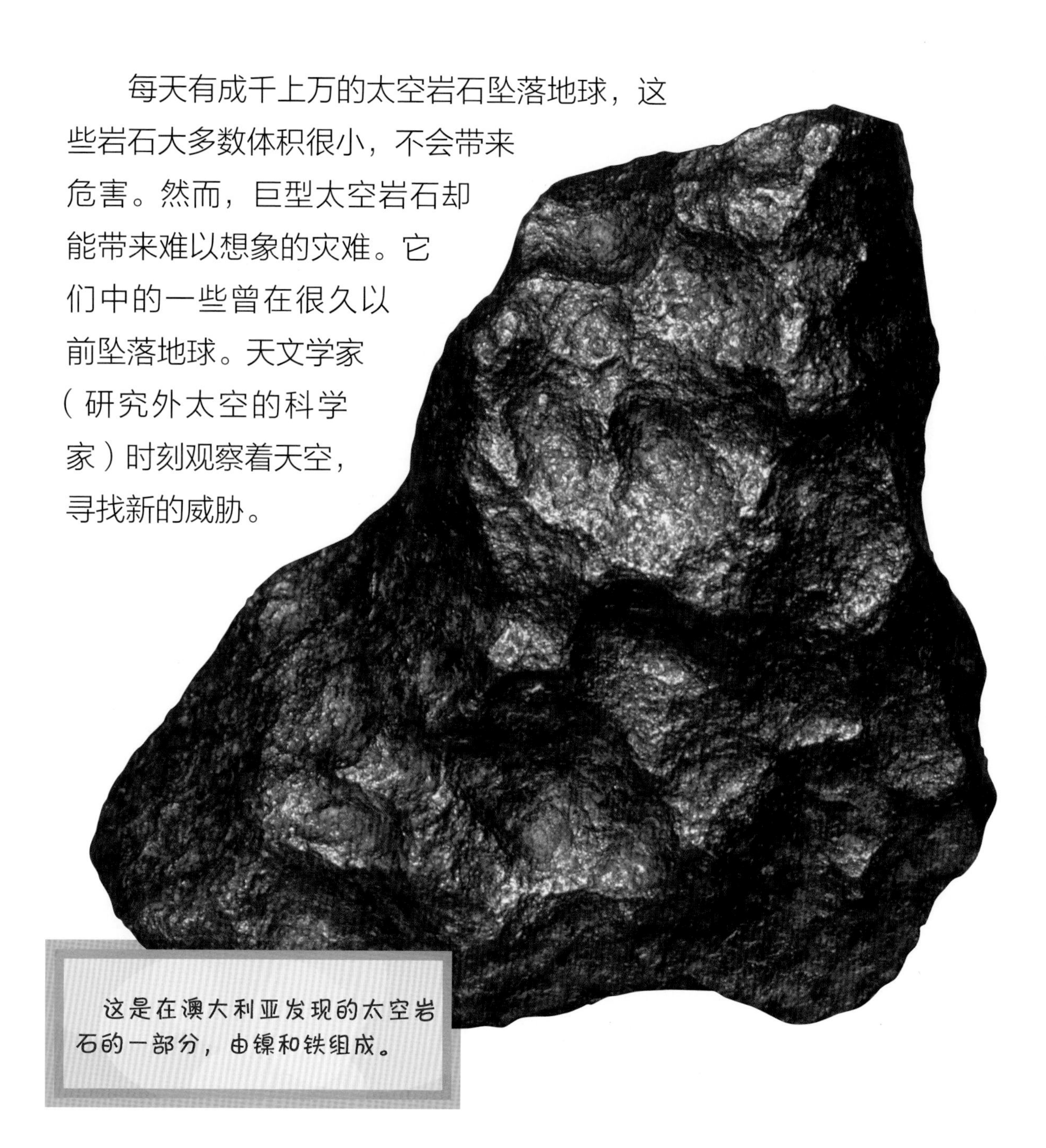

这是在澳大利亚发现的太空岩石的一部分，由镍和铁组成。

进入地球大气层

所有物体都有引力。引力使物体相互吸引。地球的引力能将靠近地球的物体拉向地球。

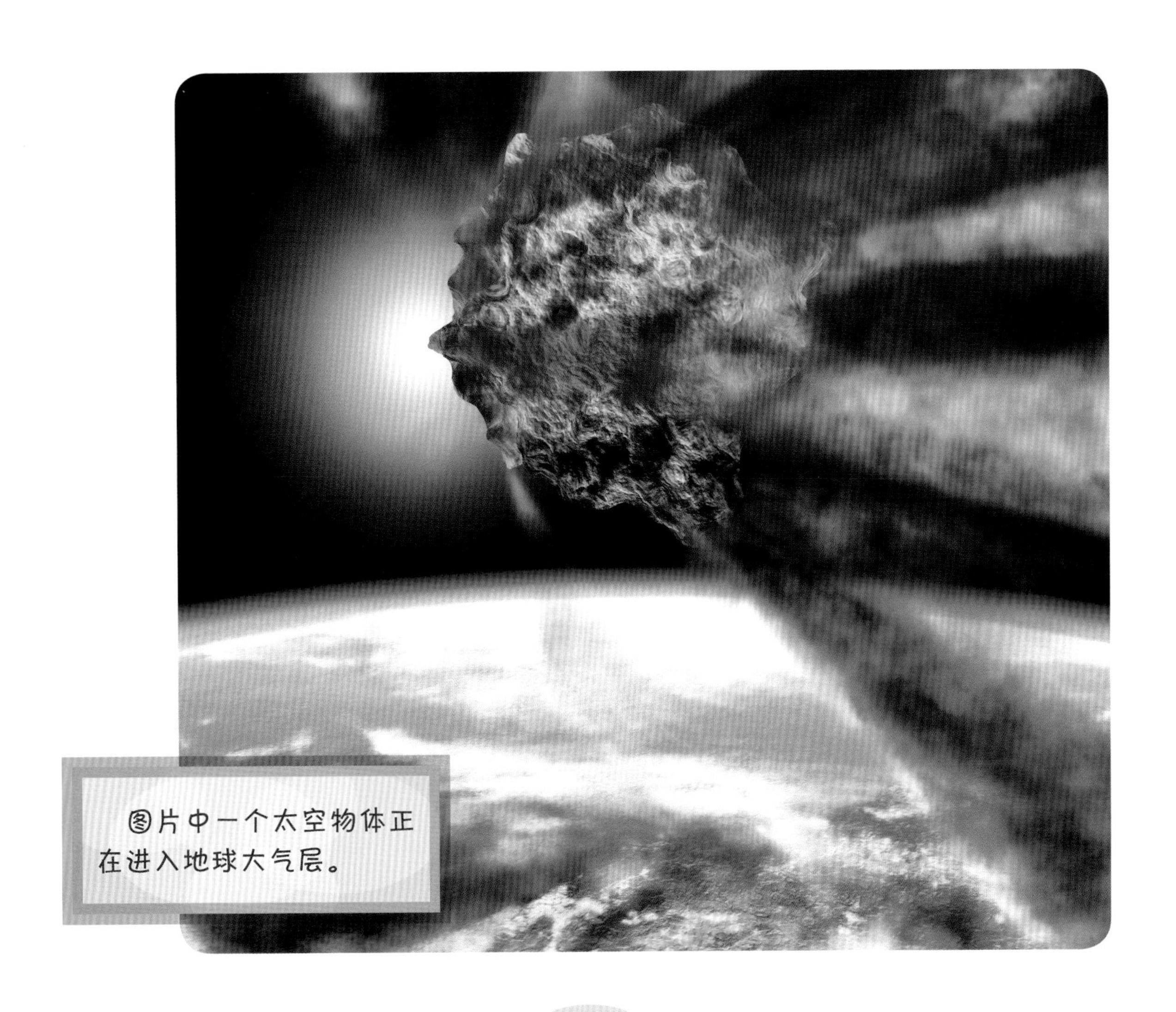

图片中一个太空物体正在进入地球大气层。

太空物体高速坠入地球大气层时，会与大气层发生摩擦，急剧升温并燃烧。一些物体由于体积过于庞大无法充分燃烧，便在空中爆炸或是撞击地球。

一块太空岩石在大不列颠上空燃烧。

第二章　小行星和彗星

许多小型太空岩石都是以太阳为中心运转的。小行星和彗星的运行轨道较大。它们中的一些会随轨道运行到地球附近。

图片中的小行星在地球附近的轨道运行。那么另外一个大型太空岩石的名字是什么呢？

这是从一名艺术家眼中通过小行星表面所看到的太阳的样子。

小行星

小行星体型巨大、表面多岩石，环绕太阳运行。天文学家认为小行星是行星形成时的残余物质。

绝大多数的小行星在小行星带内运行。小行星带位于火星和木星的轨道之间。数以百万计的小行星位于小行星带。

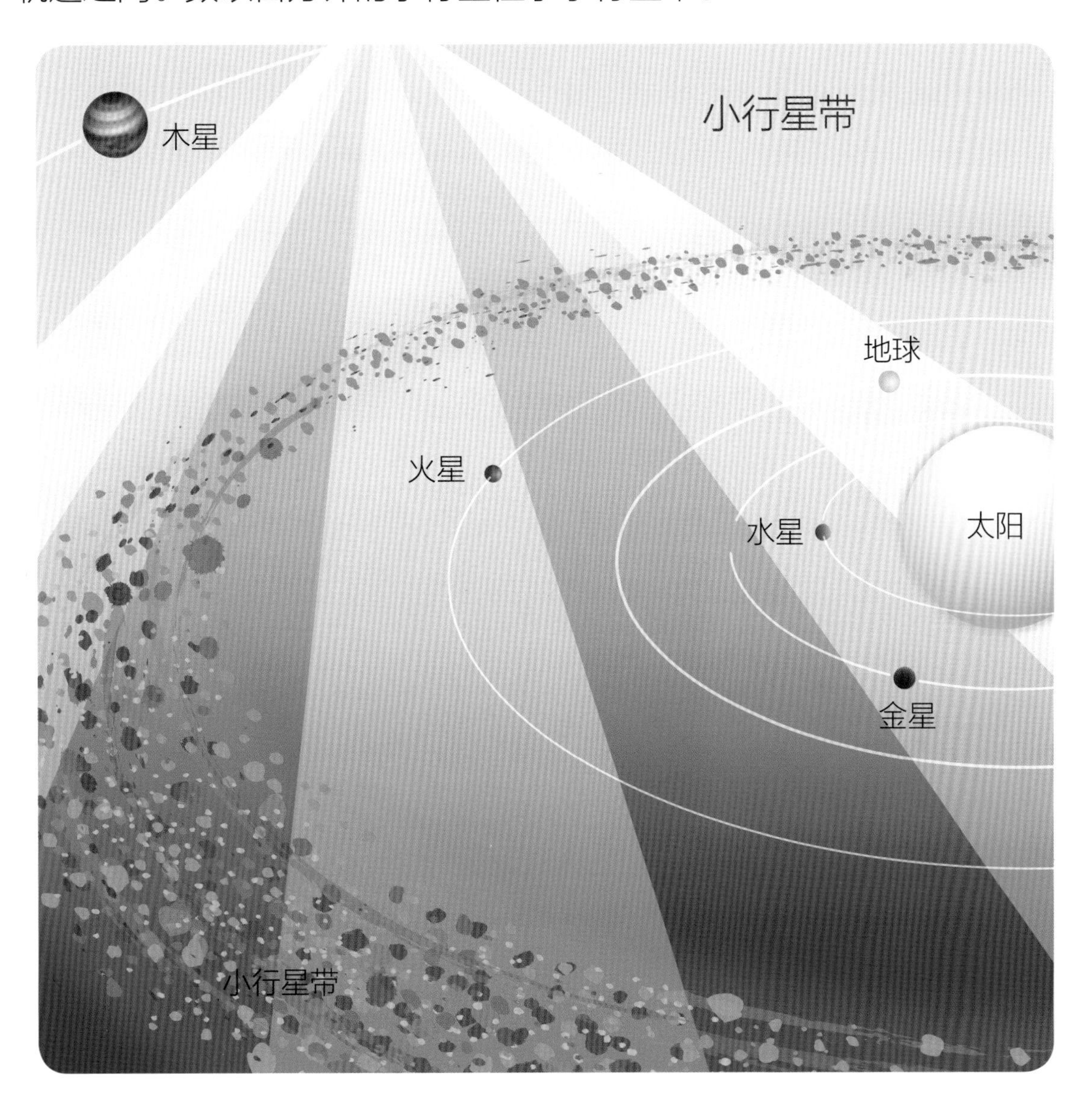

其他小行星的运行轨道靠近地球。这些小行星被称作近地小行星。一些近地小行星曾在过去撞击过地球。

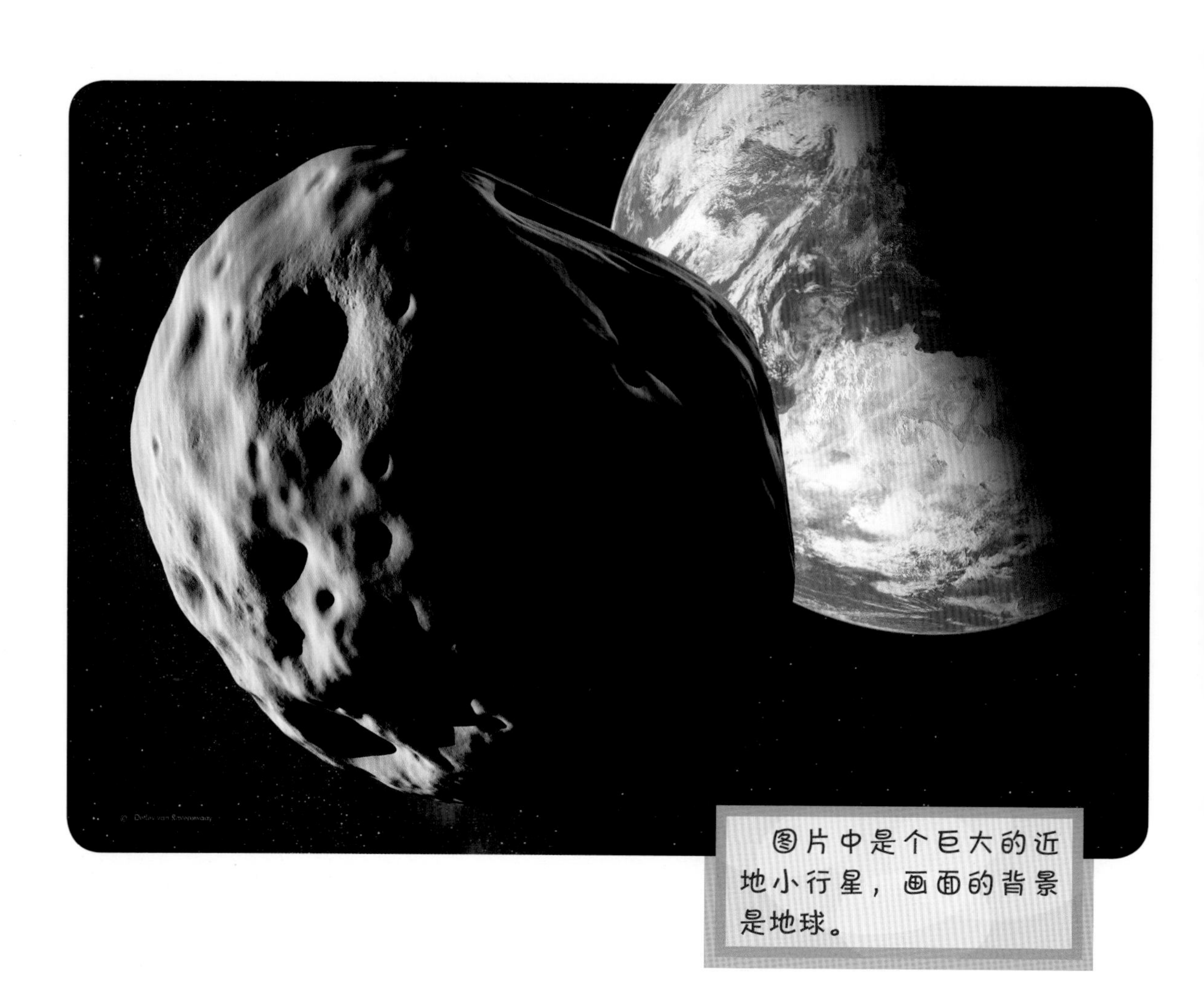

图片中是个巨大的近地小行星，画面的背景是地球。

彗星

彗星是巨大的冰块。冰块内由宇宙尘埃和岩石组成。一层黑色的尘埃表层包裹着彗星。彗星就像巨大肮脏的雪球。

彗星靠近太阳时受热升温，会融化部分的冰。气体和尘埃跟随在彗星后面，形成长长的彗尾。

图片中，彗星运行到太阳附近，气体和宇宙尘埃跟随在彗星后面形成彗尾。

美国亚利桑那州的一架天文望远镜相机拍摄到的彗星照片。

彗星以椭圆形轨道绕太阳运转，其运行轨迹非常长。它们的轨迹可以穿过行星的轨道，这意味着彗星有可能会撞上地球或其他行星。

第三章　较小太空物体

流星体是绕着太阳运转的体积较小的太空岩石。有些流星体就像沙粒那么小，有些流星体如巨砾般大。

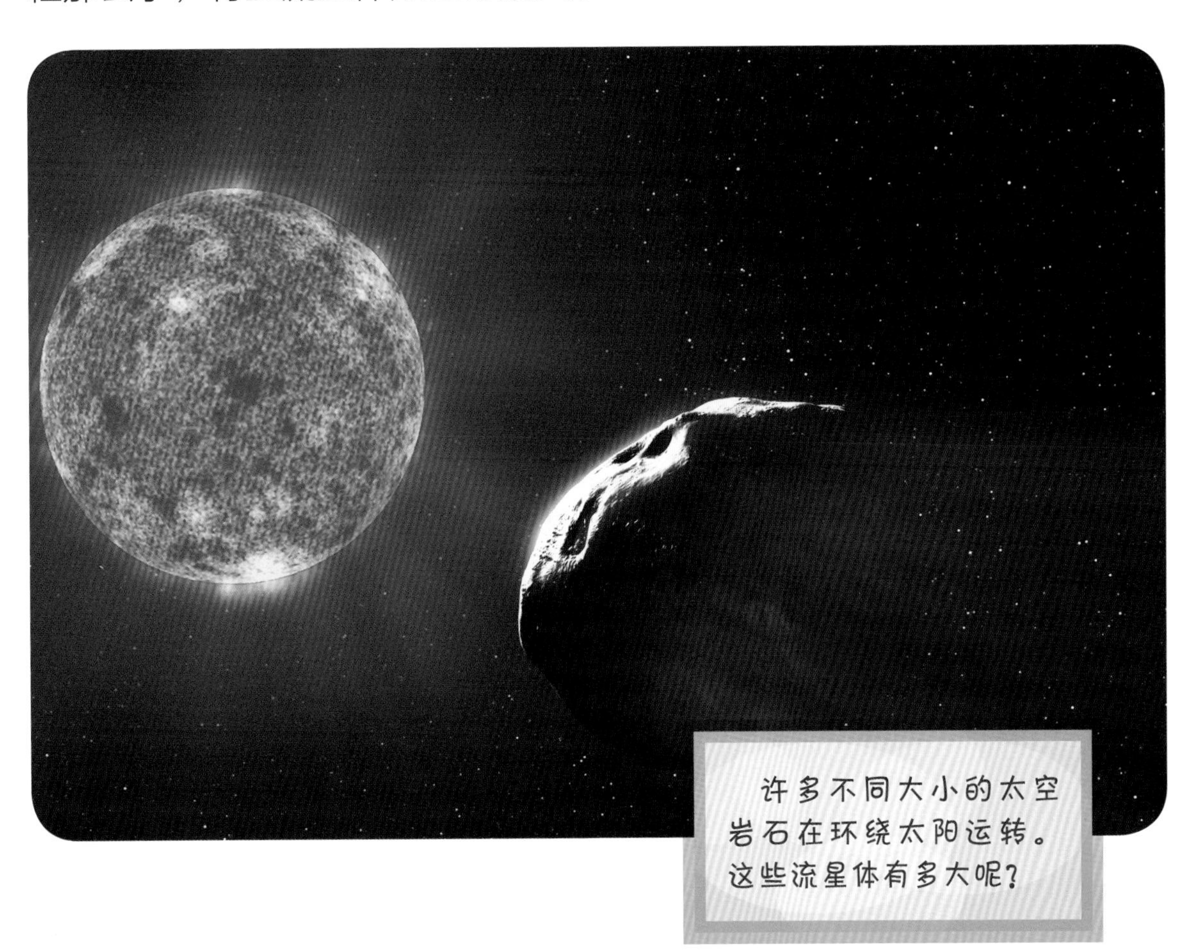

许多不同大小的太空岩石在环绕太阳运转。这些流星体有多大呢？

有些流星体是在小行星撞上其他的小行星时形成的，这些小行星被分裂成较小的太空岩石粒。而有些流星体来自彗星云。

在这幅作品中，流星体撞上了一颗大行星。

降落到地球

每天都有很多流星体到达地球。当它们进入到大气层时，被称为流星。大部分的流星都会燃烧殆尽。而有些流星可坠落到地面，被称为陨石。

一名摄影师抓拍到了这张流星划过夜空时的图像。

霍巴陨石落在了非洲的纳米比亚。它是目前为止发现的最大的陨石。

1992年，一颗巨大的流星划过肯塔基来到了纽约，落到地面时砸到一辆汽车上。这枚陨星重27磅（12公斤）！

一枚叫做霍巴的陨石甚至要更重。它如一辆车大小，在大约8万年前落到了非洲。

太空垃圾

有些落入地球上的太空物体是人为制造的。例如，废弃的航天器和火箭残骸环绕地球运转，报废的人造卫星也环绕着地球运转。人造卫星是用来与地球间来回发送信号的，如发送电视或者电话信号等。

这幅图画展示了所有绕着地球转的物体

运行一段时间之后，人造卫星和其他航天器就不能继续工作了。然后，这些材料就被称为太空垃圾。经过一段时间，太空垃圾绕行的轨道离地球越来越近。大部分的这种太空垃圾都在大气层中燃烧殆尽了，有些部分会降落到地球。

2008年，一枚美国人造卫星正在落入地球时，被美国海军用导弹击碎。随后这枚人造卫星分裂成碎片并燃烧掉。

美国海军2008年发射了一枚导弹，将一枚正在落回到地球的人造卫星击碎。

空间站是绕着地球旋转的巨大的航天器。但是它们也可能成为太空垃圾。1979年，一个叫做“天空实验室”的空间站落回到地球上。它的一部分掉进了印度洋，剩余部分落在了澳大利亚。“和平号”是一个俄罗斯空间站，它的一部分于2001年坠落到太平洋里。

一个人展示了1979年在澳大利亚发现的“天空实验室”的碎片。

第四章　陨石坑、撞击和恐龙

撞击地球的太空岩石下落速度会非常快。它们能留下叫做陨石坑的印记。陨石坑的形状就像一个个碗一样。

这些在月球表面上的印记展示了太空岩石撞击的位置。这些印记被称为什么呢？

地球上的陨石坑

科学家在地球上已经发现了至少120个大型陨石坑。亚利桑那州的一个陨石坑大概有0.8英里（1.2公里）宽。这枚流星造成的陨石坑有飞机大小，是在大约5万年前坠落的。

科学家认为在亚利桑那州的陨石坑大约有5万岁了。

这幅图画展示了一枚6500万年前小行星撞击地球的场景。

迄今为止已知最大的陨石坑在墨西哥，它被称为希克苏鲁伯陨石坑。这个巨大的陨石坑大约有190英里（300公里）宽，是6500万年前一枚小行星撞击地球时形成的。

这次撞击形成了巨大的尘云。尘云遮盖了天空，挡住了阳光。地球变得寒冷。寒冷与黑暗使植物变得难以生存，动物找不到足够的食物来食用。许多人认为恐龙灭绝就是因为这次小行星撞击地球所致。

近期的撞击

大约一百年前，一枚小行星撞击了俄罗斯的西伯利亚地区。这块陨石重达2.2亿磅（1亿千克），约有一个网球场般大小。但是它没有留下任何陨石坑。这枚巨大的陨石在空中爆炸，天空看起来像是被大火覆盖一样。

这张摄于1908年的照片，展示了被一枚小行星撞击的西伯利亚地区。

这枚小行星在一个无人居住的地方发生爆炸，所以没人因为这次撞击而伤亡。但是这个地区的森林几乎被夷为平地，八千万棵树倒下了，驯鹿群死亡甚多。

撞击西伯利亚地区的小行星将这些森林夷为平地。

撞击木星

科学家从来没有目击过小行星或者彗星撞击地球的场景。但是，他们已经见过一枚彗星撞击木星的场景。

这幅图画展示了彗星撞击木星时的路径。

苏梅克-列维九号彗星在1994年撞击了木星。这枚彗星绕木星转得越来越近，之后就发生了撞击。木星的引力感测到了这枚彗星，然后引力将这枚彗星扯成碎片，之后这些碎片撞到了木星上。

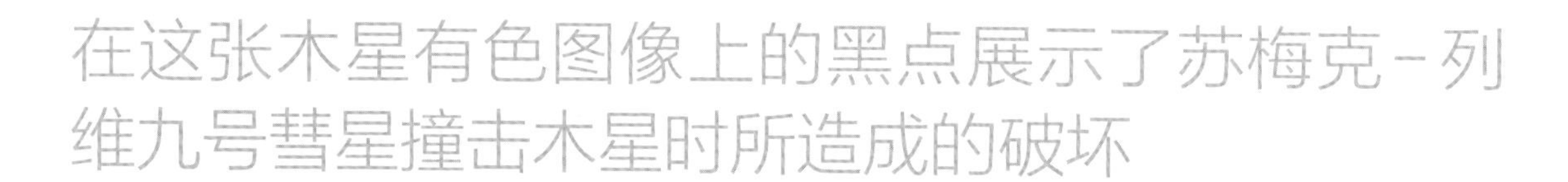

在这张木星有色图像上的黑点展示了苏梅克-列维九号彗星撞击木星时所造成的破坏

世界各地的人们都在关注着这枚彗星。地球上和太空中的望远镜都拍下了照片。这是天文学家第一次看到一颗彗星撞击一颗行星的场景。

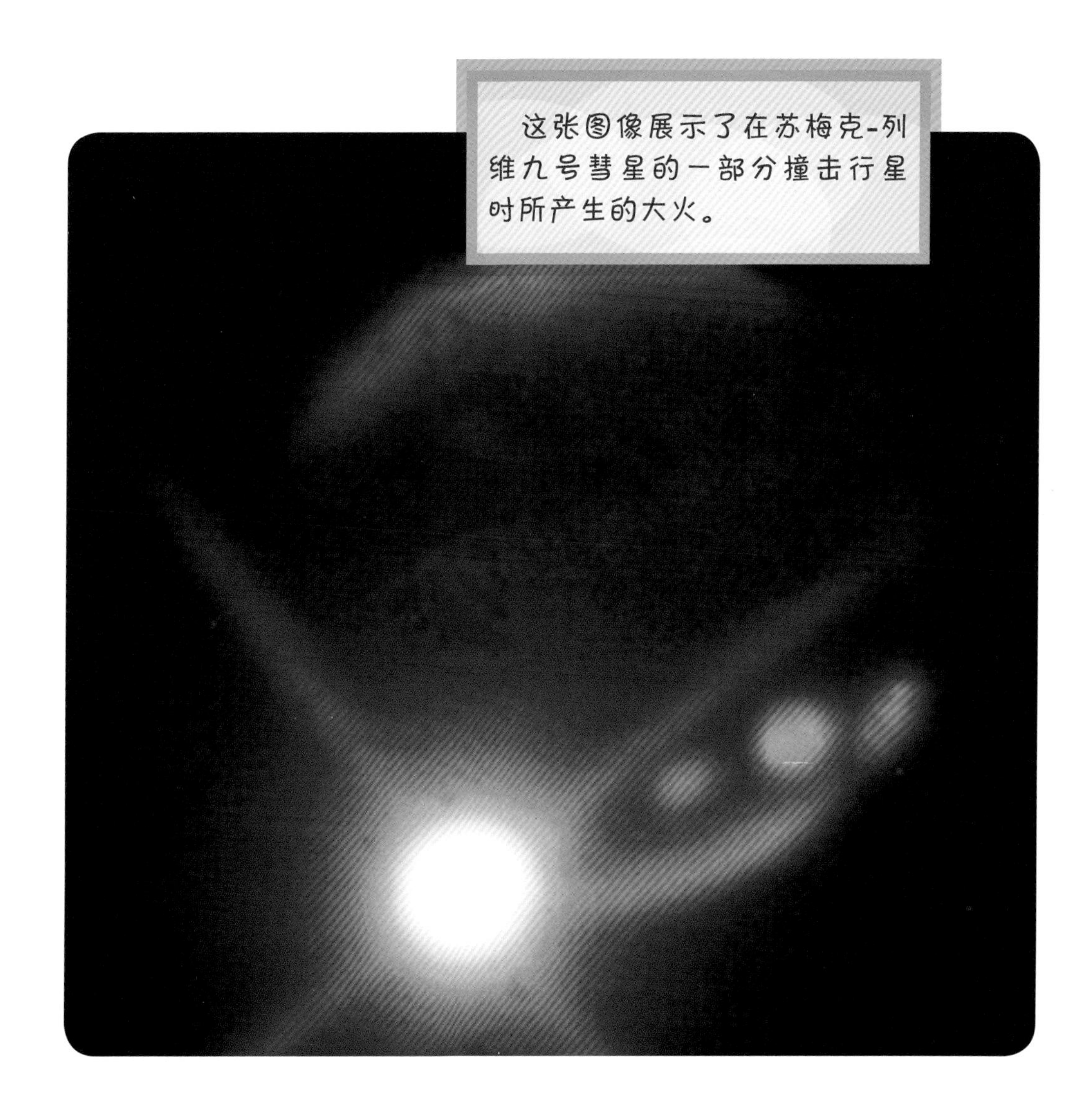

这张图像展示了在苏梅克-列维九号彗星的一部分撞击行星时所产生的大火。

第五章　关注太空

对于地球来说，较大型的小行星或者彗星的撞击大约每一百万年发生一次。像使恐龙灭绝的那么猛烈的小行星撞击发生频率更加小。这种撞击大概会在每五千万年或者一亿年才发生一次。

撞击的危险

一次大型撞击会产生尘云。这些尘云遮天蔽日，致使地球的大气变得寒冷。植物可能停止生长，动物可能会遭受饥饿的困境。

这张图画展示了被一颗大型的小行星撞击之后地球可能的样子。在这张图里，尘云遮天蔽日。

　　较小规模的撞击发生地更加频繁。这些撞击不会造成世界范围内的灾难，但是能对撞击之处造成巨大的损毁。

　　假如像图中这么大的小行星撞击地球，则会对撞击处造成巨大的损毁。

仰望夜空

天文学家利用天文望远镜搜寻有可能撞击地球的天体，之后他们利用电脑研究那些被发现的小行星和彗星。通过掌握它们的形状和大小，来推断哪一颗有可能撞击地球。

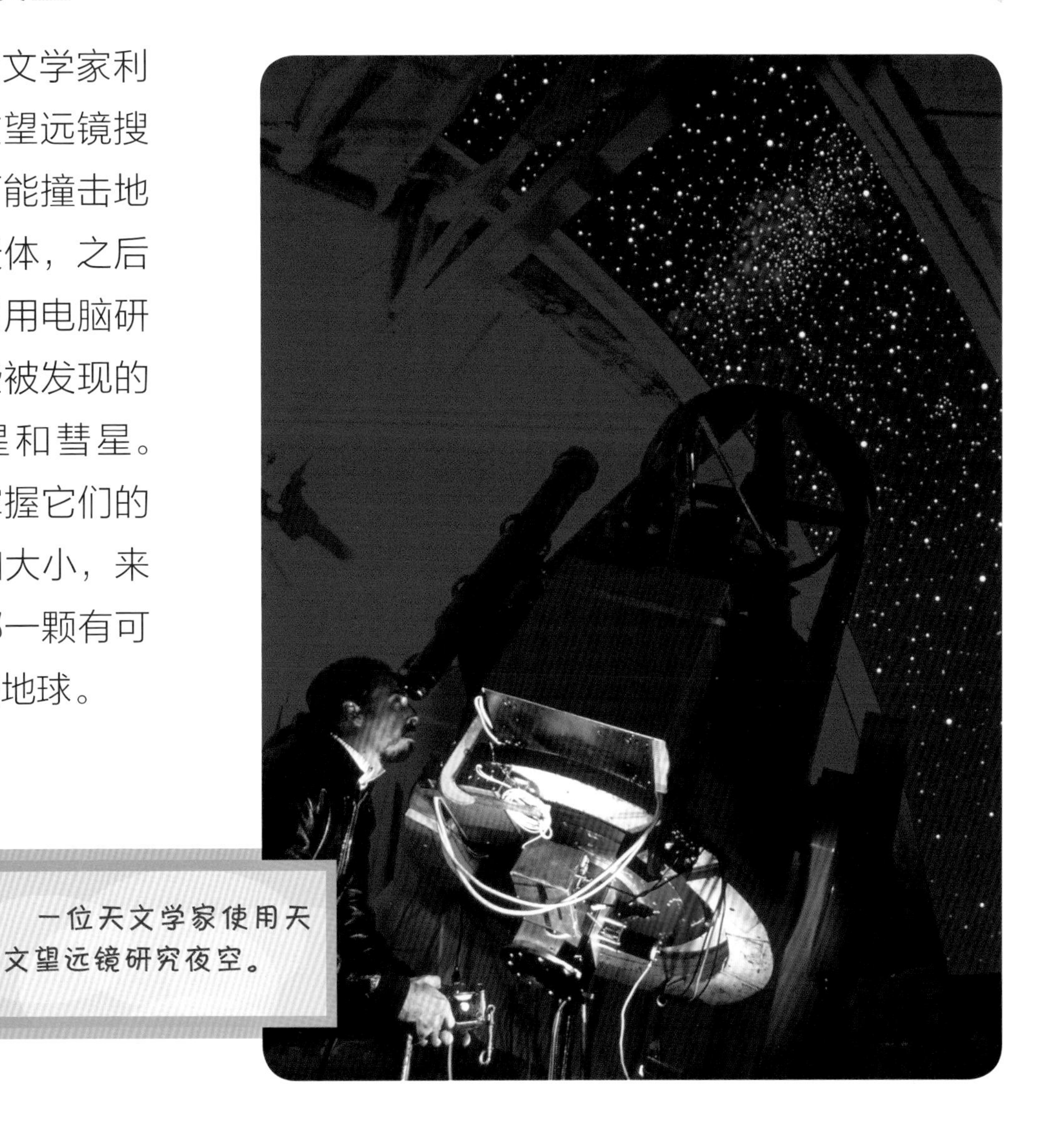

一位天文学家使用天文望远镜研究夜空。

天文学家认为他们已经发现了大部分的近地小行星，并且认为这些近地小行星在我们有生之年都不会撞击地球。然而，发现较小的小行星是很困难的。天文学家认为尚存在很多较小的小行星等待着被发现。

如图所示，天文学家发现了这枚近地小行星，并对其进行追踪。

在此图中，太空探测器正在接近一颗小行星。这种探测器可以帮助我们学习到更多关于小行星的知识，以及如何改变它们的轨道。

保护地球

如果天文学家发现一颗小行星或者彗星向地球撞过来怎么办？我们怎样才能阻止它呢？

有人认为，我们可以想办法使这颗小行星或者彗星移动一些，改变它们的轨道。这样，它就会与地球擦肩而过。

科学家们可以有很多办法来移动一颗巨大的太空岩石。例如，炸弹当然可以把小行星炸碎。或者用一面巨大的镜子把阳光聚焦到小行星表面，使其温度上升以至燃烧掉一部分，这也可以改变它的路线。此外，还可以使用火箭将小行星推离轨道。

图画中的航天器正在向小行星发射火箭。这枚火箭可以使小行星的轨道偏离地球。

将小行星或者彗星移动到别处去可能需要几年的时间，这就是为什么天文学家一直保持着守望星空习惯的原因。在未来某一天，早一点的警示可能会拯救地球而不被撞击。

这幅艺术作品展示了一颗冲向地球的较小的小行星。它会在大气层中燃烧殆尽吗？或者，它会直接落到地面吗？

词汇表

小行星：一种环绕太阳运动，比行星小得多且主要成分是岩石的天体。

小行星带：太阳系内大部分小行星在太空中密集的区域。小行星带位于火星和木星的轨道之间。

天文学家：以天体以及天体运行规律为研究对象的科学家。

大气层：环绕地球的空气层。

彗星：巨大的冰块。冰块内部是宇宙尘埃和岩石。彗星常以椭圆形轨道（有些是抛物线或双曲线轨道）绕太阳运转，其运行轨迹非常长。

引力：物体之间相互存在的吸引力。

陨石坑：行星、卫星、小行星或其他天体表面经过陨石撞击而形成的环形凹坑。

流星体：一种绕着太阳运转的体积较小的太空岩石。

流星：一种进入地球大气层的流星体。

陨石：一种自太空坠落于地球表面的流星。

近地小行星：那些运行轨道与地球轨道相交的小行星。

运行轨道：一个天体绕行另一个天体的路径。

人造卫星：环绕地球在空间轨道上运行的无人航天器，可在地球和太空之间来回发送信号。

宇宙飞船：能将人类和物资运送到外太空的一种航天器。

太空垃圾：围绕地球轨道的无用人造物体，小到碎片、漆片、粉尘，大到人造卫星和宇宙飞船等。

望远镜：一种能让遥远的物体看起来变得更大更近的设备。

延伸阅读

书籍

◆［韩］金志炫 著，金佳京 绘. **掉入黑洞的星际家庭：从双星到超新星，揭开宇宙不为人知的秘密.**

我们的银河里，有2000亿颗星星。在这其中，有互相绕着旋转的双星，有忽明忽暗的变光星，有由许多星星聚在一起构成的星团，有爆发之前放出光芒的超新星，有把路过的星星都吸进去的黑洞。请跟随小主人公漫游整个银河，其乐无穷！

◆［韩］海豚脚足 著，李陆达 绘. **科学超入门（5）：月球——好奇心，来到月球！**

月亮的形状每天都在改变。有时候像盘子一样又大又圆，接着慢慢缩小成半个月亮，再过几天，又变得像眉毛一样又细又弯。通过与小主人公的月球之旅，你就会明白月亮形状变化的秘密，还有其中的规律了。

◆［韩］田和英 著，五智贤 绘. **科学超入门（4）：气体——气体，一起漫游太阳系！**

学习气体知识为什么要去行星上探险呢？本书如同一部科幻漫画，请跟随小主人公一起踏上了漫游太阳系的旅程吧！

网址

向天文学家提问

http://coolcosmos.ipac.caltech.edu/cosmic_kids/AskKids/index.shtml

向天文学家提问一些关于小行星、彗星以及其他常见问题。

密切关注太空陨石

http://www.jpl.nasa.gov/multimedia/neo/spaceRocks.html

在这个来自美国国家航空航天局的网站发现天文学家是如何关注小行星和彗星的。

星孩

http://starchild.gsfc.nasa.gov/docs/StarChild/solar_system_level1/solar_system.html

学习更多关于小行星、彗星、流星体以及太阳系其他部分的知识。

图片致谢

本书所使用的图片经过了以下单位和个人的允许：© Mark Bowler/照片研究者有限公司，图片4；© Take 27 Ltd/照片研究者有限公司，图片5；© Joyce摄影/照片研究者有限公司，图片6；© 科学派别/SuperStock，图片 7, 9；© Jonathan Burnett/照片研究者有限公司，图片8；© Ron Miller，图片 10, 31, 34, 37；© Laura Westlund/独立图文服务，图片 11；© Detlev van Ravenswaay/照片研究者有限公司，图片12, 16, 35, 36；© Mike Agliolo/照片研究者有限公司，图片13; 美国国家航空航天局，美国国家光学天文台，美国国家科学基金会,Rector (安克雷奇大学), Z.Levay和L.Frattare(太空望远镜科学研究所)，图片14；© 二分点图文/照片研究者有限公司，图片15; © Stan Honda /AFP/Getty图文，图片17; © F1 在线/SuperStock, 图片18; © Mehau Kulyk/照片研究者有限公司，图片19; 美国海军照片,图片20; © 科学与社会/SuperStock, 图片 21; © RIA Novosti/图片研究者有限公司，图片 22; © Francois Gohier/照片研究者有限公司，图片23; © David A.Hardy/图片研究者有限公司，图片 24; © Mary Evans/图片研究者有限公司，图片 25; © 纽约公共图片集/图片研究者有限公司，图片 26; © Julian Baum /图片研究者有限公司，图片27; 哈勃太空望远镜彗星团队，图片 28; © Mount Stromio和Siding Spring Observatories, ANU/图片研究者有限公司，图片 29; © Richard Bizley/图片研究者有限公司，图片 30; © Mark Garlick /图片研究者有限公司，图片 32; © David Parker /图片研究者有限公司，图片 33。

封面图片：© Chris Bell / Taxi / Getty图文。